Guinea Pig Pedigree

Forms

Easily Keep Track of Your Guinea Pig Pedigrees with Detailed Charts. Just Fill in the Information and Cut or Tear Out of the Book.

Designed by Clara Sherman

Guinea Pig Drawings from Vecteezy.com

Guinea Pig Pedigree

Breeder:
Address:

Phone #:

Sold To:
Date:

Name:
Breed:
Reg #:
DOB:
Sex:
Color:
Hair:
Weight:
Notes:

I hereby certify this pedigree is correct to the best of my knowledge and belief.

Signed: _______________ Date:

Sire:
Breed:
Reg #:
DOB:
Color:
Hair:
Weight:
Notes:

Dam:
Breed:
Reg #:
DOB:
Color:
Hair:
Weight:
Notes:

G. Sire:
Breed:
Reg #:
DOB:
Color:
Weight:

G. Dam:
Breed:
Reg #:
DOB:
Color:
Weight:

G. Sire:
Breed:
Reg #:
DOB:
Color:
Weight:

G. Dam:
Breed:
Reg #:
DOB:
Color:
Weight:

G. G. Sire:
Reg #:
Breed:
DOB:
Color:

G. G. Dam:
Reg #:
Breed:
DOB:
Color:

G. G. Sire:
Reg #:
Breed:
DOB:
Color:

G. G. Dam:
Reg #:
Breed:
DOB:
Color:

G. G. Sire:
Reg #:
Breed:
DOB:
Color:

G. G. Dam:
Reg #:
Breed:
DOB:
Color:

G. G. Sire:
Reg #:
Breed:
DOB:
Color:

G. G. Dam:
Reg #:
Breed:
DOB:
Color:

Guinea Pig Pedigree

Breeder:
Address:

Phone #:

Sold To:
Date:

Name:
Breed:
Reg #:
DOB:
Sex:
Color:
Hair:
Weight:
Notes:

I hereby certify this pedigree is correct to the best of my knowledge and belief.

Signed: ___________________ Date: ___________________

Sire:
Breed:
Reg #:
DOB:
Color:
Hair:
Weight:
Notes:

Dam:
Breed:
Reg #:
DOB:
Color:
Hair:
Weight:
Notes:

G. Sire:
Breed:
Reg #:
DOB:
Color:
Weight:

G. Dam:
Breed:
Reg #:
DOB:
Color:
Weight:

G. Sire:
Breed:
Reg #:
DOB:
Color:
Weight:

G. Dam:
Breed:
Reg #:
DOB:
Color:
Weight:

G. G. Sire:
Reg #:
Breed:
DOB:
Color:

G. G. Dam:
Reg #:
Breed:
DOB:
Color:

G. G. Sire:
Reg #:
Breed:
DOB:
Color:

G. G. Dam:
Reg #:
Breed:
DOB:
Color:

G. G. Sire:
Reg #:
Breed:
DOB:
Color:

G. G. Dam:
Reg #:
Breed:
DOB:
Color:

G. G. Sire:
Reg #:
Breed:
DOB:
Color:

G. G. Dam:
Reg #:
Breed:
DOB:
Color:

Guinea Pig Pedigree

Breeder:
Address:

Phone #:

Sold To:
Date:

Name:
Breed:
Reg #:
DOB:
Sex:
Color:
Hair:
Weight:
Notes:

Sire:
Breed:
Reg #:
DOB:
Color:
Hair:
Weight:
Notes:

Dam:
Breed:
Reg #:
DOB:
Color:
Hair:
Weight:
Notes:

G. Sire:
Breed:
Reg #:
DOB:
Color:
Weight:

G. Dam:
Breed:
Reg #:
DOB:
Color:
Weight:

G. Sire:
Breed:
Reg #:
DOB:
Color:
Weight:

G. Dam:
Breed:
Reg #:
DOB:
Color:
Weight:

G. G. Sire:
Reg #:
Breed:
DOB:
Color:

G. G. Dam:
Reg #:
Breed:
DOB:
Color:

G. G. Sire:
Reg #:
Breed:
DOB:
Color:

G. G. Dam:
Reg #:
Breed:
DOB:
Color:

G. G. Sire:
Reg #:
Breed:
DOB:
Color:

G. G. Dam:
Reg #:
Breed:
DOB:
Color:

G. G. Sire:
Reg #:
Breed:
DOB:
Color:

G. G. Dam:
Reg #:
Breed:
DOB:
Color:

I hereby certify this pedigree is correct to the best of my knowledge and belief.

Signed: _______________________ Date: _______________________

Guinea Pig Pedigree

Breeder:
Address:

Phone #:

Sold To:
Date:

Name:
Breed:
Reg #:
DOB:
Sex:
Color:
Hair:
Weight:
Notes:

Sire:
Breed:
Reg #:
DOB:
Color:
Hair:
Weight:
Notes:

Dam:
Breed:
Reg #:
DOB:
Color:
Hair:
Weight:
Notes:

G. Sire:
Breed:
Reg #:
DOB:
Color:
Weight:

G. Dam:
Breed:
Reg #:
DOB:
Color:
Weight:

G. Sire:
Breed:
Reg #:
DOB:
Color:
Weight:

G. Dam:
Breed:
Reg #:
DOB:
Color:
Weight:

G. G. Sire:
Reg #:
Breed:
DOB:
Color:

G. G. Dam:
Reg #:
Breed:
DOB:
Color:

G. G. Sire:
Reg #:
Breed:
DOB:
Color:

G. G. Dam:
Reg #:
Breed:
DOB:
Color:

G. G. Sire:
Reg #:
Breed:
DOB:
Color:

G. G. Dam:
Reg #:
Breed:
DOB:
Color:

G. G. Sire:
Reg #:
Breed:
DOB:
Color:

G. G. Dam:
Reg #:
Breed:
DOB:
Color:

I hereby certify this pedigree is correct to the best of my knowledge and belief.

Signed: _______________   Date: _______________

Guinea Pig Pedigree

Breeder:
Address:

Phone #:

Sold To:
Date:

Name:
Breed:
Reg #:
DOB:
Sex:
Color:
Hair:
Weight:
Notes:

I hereby certify this pedigree is correct to the best of my knowledge and belief.

Signed: _______________ Date: _______________

Sire:
Breed:
Reg #:
DOB:
Color:
Hair:
Weight:
Notes:

Dam:
Breed:
Reg #:
DOB:
Color:
Hair:
Weight:
Notes:

G. Sire:
Breed:
Reg #:
DOB:
Color:
Weight:

G. Dam:
Breed:
Reg #:
DOB:
Color:
Weight:

G. Sire:
Breed:
Reg #:
DOB:
Color:
Weight:

G. Dam:
Breed:
Reg #:
DOB:
Color:
Weight:

G. G. Sire:
Reg #:
Breed:
DOB:
Color:

G. G. Dam:
Reg #:
Breed:
DOB:
Color:

G. G. Sire:
Reg #:
Breed:
DOB:
Color:

G. G. Dam:
Reg #:
Breed:
DOB:
Color:

G. G. Sire:
Reg #:
Breed:
DOB:
Color:

G. G. Dam:
Reg #:
Breed:
DOB:
Color:

G. G. Sire:
Reg #:
Breed:
DOB:
Color:

G. G. Dam:
Reg #:
Breed:
DOB:
Color:

Guinea Pig Pedigree

Breeder:
Address:

Phone #:

Sold To:
Date:

Name:
Breed:
Reg #:
DOB:
Sex:
Color:
Hair:
Weight:
Notes:

I hereby certify this pedigree is correct to the best of my knowledge and belief.

Signed: ___________________ Date:

Sire:
Breed:
Reg #:
DOB:
Color:
Hair:
Weight:
Notes:

Dam:
Breed:
Reg #:
DOB:
Color:
Hair:
Weight:
Notes:

G. Sire:
Breed:
Reg #:
DOB:
Color:
Weight:

G. Dam:
Breed:
Reg #:
DOB:
Color:
Weight:

G. Sire:
Breed:
Reg #:
DOB:
Color:
Weight:

G. Dam:
Breed:
Reg #:
DOB:
Color:
Weight:

G. G. Sire:
Reg #:
Breed:
DOB:
Color:

G. G. Dam:
Reg #:
Breed:
DOB:
Color:

G. G. Sire:
Reg #:
Breed:
DOB:
Color:

G. G. Dam:
Reg #:
Breed:
DOB:
Color:

G. G. Sire:
Reg #:
Breed:
DOB:
Color:

G. G. Dam:
Reg #:
Breed:
DOB:
Color:

G. G. Sire:
Reg #:
Breed:
DOB:
Color:

G. G. Dam:
Reg #:
Breed:
DOB:
Color:

Guinea Pig Pedigree

Breeder:
Address:

Phone #:

Sold To:
Date:

Name:
Breed:
Reg #:
DOB:
Sex:
Color:
Hair:
Weight:
Notes:

Sire:
Breed:
Reg #:
DOB:
Color:
Hair:
Weight:
Notes:

Dam:
Breed:
Reg #:
DOB:
Color:
Hair:
Weight:
Notes:

G. Sire:
Breed:
Reg #:
DOB:
Color:
Weight:

G. Dam:
Breed:
Reg #:
DOB:
Color:
Weight:

G. Sire:
Breed:
Reg #:
DOB:
Color:
Weight:

G. Dam:
Breed:
Reg #:
DOB:
Color:
Weight:

G. G. Sire:
Reg #:
Breed:
DOB:
Color:

G. G. Dam:
Reg #:
Breed:
DOB:
Color:

G. G. Sire:
Reg #:
Breed:
DOB:
Color:

G. G. Dam:
Reg #:
Breed:
DOB:
Color:

G. G. Sire:
Reg #:
Breed:
DOB:
Color:

G. G. Dam:
Reg #:
Breed:
DOB:
Color:

G. G. Sire:
Reg #:
Breed:
DOB:
Color:

G. G. Dam:
Reg #:
Breed:
DOB:
Color:

*I hereby certify this pedigree
is correct to the best of my
knowledge and belief.*

Signed: ___________________ Date:

Guinea Pig Pedigree

Breeder:
Address:

Phone #:

Sold To:
Date:

Name:
Breed:
Reg #:
DOB:
Sex:
Color:
Hair:
Weight:
Notes:

I hereby certify this pedigree is correct to the best of my knowledge and belief.

Signed: _______________ Date: _______________

Sire:
Breed:
Reg #:
DOB:
Color:
Hair:
Weight:
Notes:

Dam:
Breed:
Reg #:
DOB:
Color:
Hair:
Weight:
Notes:

G. Sire:
Breed:
Reg #:
DOB:
Color:
Weight:

G. Dam:
Breed:
Reg #:
DOB:
Color:
Weight:

G. Sire:
Breed:
Reg #:
DOB:
Color:
Weight:

G. Dam:
Breed:
Reg #:
DOB:
Color:
Weight:

G. G. Sire:
Reg #:
Breed:
DOB:
Color:

G. G. Dam:
Reg #:
Breed:
DOB:
Color:

G. G. Sire:
Reg #:
Breed:
DOB:
Color:

G. G. Dam:
Reg #:
Breed:
DOB:
Color:

G. G. Sire:
Reg #:
Breed:
DOB:
Color:

G. G. Dam:
Reg #:
Breed:
DOB:
Color:

G. G. Sire:
Reg #:
Breed:
DOB:
Color:

G. G. Dam:
Reg #:
Breed:
DOB:
Color:

Guinea Pig Pedigree

Breeder:
Address:

Phone #:

Sold To:
Date:

Name:
Breed:
Reg #:
DOB:
Sex:
Color:
Hair:
Weight:
Notes:

Sire:
Breed:
Reg #:
DOB:
Color:
Hair:
Weight:
Notes:

Dam:
Breed:
Reg #:
DOB:
Color:
Hair:
Weight:
Notes:

G. Sire:
Breed:
Reg #:
DOB:
Color:
Weight:

G. Dam:
Breed:
Reg #:
DOB:
Color:
Weight:

G. Sire:
Breed:
Reg #:
DOB:
Color:
Weight:

G. Dam:
Breed:
Reg #:
DOB:
Color:
Weight:

G. G. Sire:
Reg #:
Breed:
DOB:
Color:

G. G. Dam:
Reg #:
Breed:
DOB:
Color:

G. G. Sire:
Reg #:
Breed:
DOB:
Color:

G. G. Dam:
Reg #:
Breed:
DOB:
Color:

G. G. Sire:
Reg #:
Breed:
DOB:
Color:

G. G. Dam:
Reg #:
Breed:
DOB:
Color:

G. G. Sire:
Reg #:
Breed:
DOB:
Color:

G. G. Dam:
Reg #:
Breed:
DOB:
Color:

*I hereby certify this pedigree
is correct to the best of my
knowledge and belief.*

Signed: _______________________ Date: ______________

Guinea Pig Pedigree

Breeder:
Address:

Phone #:

Sold To:
Date:

Sire:
Breed:
Reg #:
DOB:
Color:
Hair:
Weight:
Notes:

Name:
Breed:
Reg #:
DOB:
Sex:
Color:
Hair:
Weight:
Notes:

Dam:
Breed:
Reg #:
DOB:
Color:
Hair:
Weight:
Notes:

G. Sire:
Breed:
Reg #:
DOB:
Color:
Weight:

G. Dam:
Breed:
Reg #:
DOB:
Color:
Weight:

G. Sire:
Breed:
Reg #:
DOB:
Color:
Weight:

G. Dam:
Breed:
Reg #:
DOB:
Color:
Weight:

G. G. Sire:
Reg #:
Breed:
DOB:
Color:

G. G. Dam:
Reg #:
Breed:
DOB:
Color:

G. G. Sire:
Reg #:
Breed:
DOB:
Color:

G. G. Dam:
Reg #:
Breed:
DOB:
Color:

G. G. Sire:
Reg #:
Breed:
DOB:
Color:

G. G. Dam:
Reg #:
Breed:
DOB:
Color:

G. G. Sire:
Reg #:
Breed:
DOB:
Color:

G. G. Dam:
Reg #:
Breed:
DOB:
Color:

*I hereby certify this pedigree
is correct to the best of my
knowledge and belief.*

Signed: _______________ Date: _______________

Guinea Pig Pedigree

Breeder:
Address:

Phone #:

Sold To:
Date:

Name:
Breed:
Reg #:
DOB:
Sex:
Color:
Hair:
Weight:
Notes:

*I hereby certify this pedigree
is correct to the best of my
knowledge and belief.*

Signed: _______________________   Date:

Sire:
Breed:
Reg #:
DOB:
Color:
Hair:
Weight:
Notes:

Dam:
Breed:
Reg #:
DOB:
Color:
Hair:
Weight:
Notes:

G. Sire:
Breed:
Reg #:
DOB:
Color:
Weight:

G. Dam:
Breed:
Reg #:
DOB:
Color:
Weight:

G. Sire:
Breed:
Reg #:
DOB:
Color:
Weight:

G. Dam:
Breed:
Reg #:
DOB:
Color:
Weight:

G. G. Sire:
Reg #:
Breed:
DOB:
Color:

G. G. Dam:
Reg #:
Breed:
DOB:
Color:

G. G. Sire:
Reg #:
Breed:
DOB:
Color:

G. G. Dam:
Reg #:
Breed:
DOB:
Color:

G. G. Sire:
Reg #:
Breed:
DOB:
Color:

G. G. Dam:
Reg #:
Breed:
DOB:
Color:

G. G. Sire:
Reg #:
Breed:
DOB:
Color:

G. G. Dam:
Reg #:
Breed:
DOB:
Color:

Guinea Pig Pedigree

Breeder:
Address:

Phone #:

Sold To:
Date:

Name:
Breed:
Reg #:
DOB:
Sex:
Color:
Hair:
Weight:
Notes:

Sire:
Breed:
Reg #:
DOB:
Color:
Hair:
Weight:
Notes:

Dam:
Breed:
Reg #:
DOB:
Color:
Hair:
Weight:
Notes:

G. Sire:
Breed:
Reg #:
DOB:
Color:
Weight:

G. Dam:
Breed:
Reg #:
DOB:
Color:
Weight:

G. Sire:
Breed:
Reg #:
DOB:
Color:
Weight:

G. Dam:
Breed:
Reg #:
DOB:
Color:
Weight:

G. G. Sire:
Reg #:
Breed:
DOB:
Color:

G. G. Dam:
Reg #:
Breed:
DOB:
Color:

G. G. Sire:
Reg #:
Breed:
DOB:
Color:

G. G. Dam:
Reg #:
Breed:
DOB:
Color:

G. G. Sire:
Reg #:
Breed:
DOB:
Color:

G. G. Dam:
Reg #:
Breed:
DOB:
Color:

G. G. Sire:
Reg #:
Breed:
DOB:
Color:

G. G. Dam:
Reg #:
Breed:
DOB:
Color:

I hereby certify this pedigree is correct to the best of my knowledge and belief.

Signed: _______________________   Date:

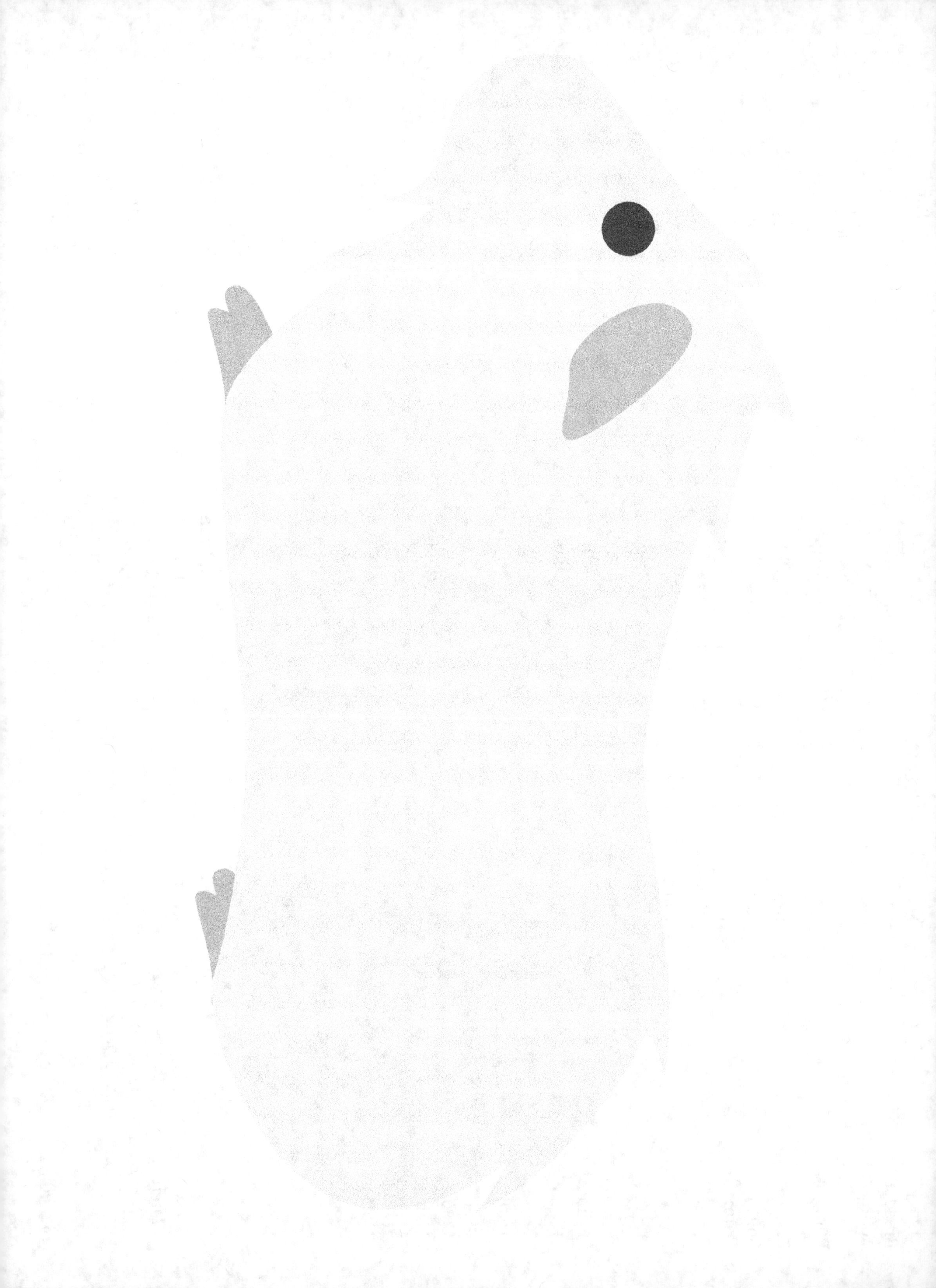

Guinea Pig Pedigree

Breeder:
Address:

Phone #:

Sold To:
Date:

Name:
Breed:
Reg #:
DOB:
Sex:
Color:
Hair:
Weight:
Notes:

*I hereby certify this pedigree
is correct to the best of my
knowledge and belief.*

Signed: _______________ Date: _______________

Sire:
Breed:
Reg #:
DOB:
Color:
Hair:
Weight:
Notes:

Dam:
Breed:
Reg #:
DOB:
Color:
Hair:
Weight:
Notes:

G. Sire:
Breed:
Reg #:
DOB:
Color:
Weight:

G. Dam:
Breed:
Reg #:
DOB:
Color:
Weight:

G. Sire:
Breed:
Reg #:
DOB:
Color:
Weight:

G. Dam:
Breed:
Reg #:
DOB:
Color:
Weight:

G. G. Sire:
Reg #:
Breed:
DOB:
Color:

G. G. Dam:
Reg #:
Breed:
DOB:
Color:

G. G. Sire:
Reg #:
Breed:
DOB:
Color:

G. G. Dam:
Reg #:
Breed:
DOB:
Color:

G. G. Sire:
Reg #:
Breed:
DOB:
Color:

G. G. Dam:
Reg #:
Breed:
DOB:
Color:

G. G. Sire:
Reg #:
Breed:
DOB:
Color:

G. G. Dam:
Reg #:
Breed:
DOB:
Color:

Guinea Pig Pedigree

Breeder:
Address:

Phone #:

Sold To:
Date:

Sire:
Breed:
Reg #:
DOB:
Color:
Hair:
Weight:
Notes:

Name:
Breed:
Reg #:
DOB:
Sex:
Color:
Hair:
Weight:
Notes:

Dam:
Breed:
Reg #:
DOB:
Color:
Hair:
Weight:
Notes:

I hereby certify this pedigree is correct to the best of my knowledge and belief.

Signed: _______________ Date: _______________

G. Sire:
Breed:
Reg #:
DOB:
Color:
Weight:

G. Dam:
Breed:
Reg #:
DOB:
Color:
Weight:

G. Sire:
Breed:
Reg #:
DOB:
Color:
Weight:

G. Dam:
Breed:
Reg #:
DOB:
Color:
Weight:

G. G. Sire:
Reg #:
Breed:
DOB:
Color:

G. G. Dam:
Reg #:
Breed:
DOB:
Color:

G. G. Sire:
Reg #:
Breed:
DOB:
Color:

G. G. Dam:
Reg #:
Breed:
DOB:
Color:

G. G. Sire:
Reg #:
Breed:
DOB:
Color:

G. G. Dam:
Reg #:
Breed:
DOB:
Color:

G. G. Sire:
Reg #:
Breed:
DOB:
Color:

G. G. Dam:
Reg #:
Breed:
DOB:
Color:

Guinea Pig Pedigree

Breeder:
Address:

Phone #:

Sold To:
Date:

Name:
Breed:
Reg #:
DOB:
Sex:
Color:
Hair:
Weight:
Notes:

I hereby certify this pedigree is correct to the best of my knowledge and belief.

Signed: _______________________ Date: _______________________

Sire:
Breed:
Reg #:
DOB:
Color:
Hair:
Weight:
Notes:

Dam:
Breed:
Reg #:
DOB:
Color:
Hair:
Weight:
Notes:

G. Sire:
Breed:
Reg #:
DOB:
Color:
Weight:

G. Dam:
Breed:
Reg #:
DOB:
Color:
Weight:

G. Sire:
Breed:
Reg #:
DOB:
Color:
Weight:

G. Dam:
Breed:
Reg #:
DOB:
Color:
Weight:

G. G. Sire:
Reg #:
Breed:
DOB:
Color:

G. G. Dam:
Reg #:
Breed:
DOB:
Color:

G. G. Sire:
Reg #:
Breed:
DOB:
Color:

G. G. Dam:
Reg #:
Breed:
DOB:
Color:

G. G. Sire:
Reg #:
Breed:
DOB:
Color:

G. G. Dam:
Reg #:
Breed:
DOB:
Color:

G. G. Sire:
Reg #:
Breed:
DOB:
Color:

G. G. Dam:
Reg #:
Breed:
DOB:
Color:

Guinea Pig Pedigree

Breeder:
Address:

Phone #:

Sold To:
Date:

Name:
Breed:
Reg #:
DOB:
Sex:
Color:
Hair:
Weight:
Notes:

I hereby certify this pedigree is correct to the best of my knowledge and belief.

Signed: _______________ Date: _______________

Sire:
Breed:
Reg #:
DOB:
Color:
Hair:
Weight:
Notes:

Dam:
Breed:
Reg #:
DOB:
Color:
Hair:
Weight:
Notes:

G. Sire:
Breed:
Reg #:
DOB:
Color:
Weight:

G. Dam:
Breed:
Reg #:
DOB:
Color:
Weight:

G. Sire:
Breed:
Reg #:
DOB:
Color:
Weight:

G. Dam:
Breed:
Reg #:
DOB:
Color:
Weight:

G. G. Sire:
Reg #:
Breed:
DOB:
Color:

G. G. Dam:
Reg #:
Breed:
DOB:
Color:

G. G. Sire:
Reg #:
Breed:
DOB:
Color:

G. G. Dam:
Reg #:
Breed:
DOB:
Color:

G. G. Sire:
Reg #:
Breed:
DOB:
Color:

G. G. Dam:
Reg #:
Breed:
DOB:
Color:

G. G. Sire:
Reg #:
Breed:
DOB:
Color:

G. G. Dam:
Reg #:
Breed:
DOB:
Color:

Guinea Pig Pedigree

Breeder:
Address:

Phone #:

Sold To:
Date:

Name:
Breed:
Reg #:
DOB:
Sex:
Color:
Hair:
Weight:
Notes:

Sire:
Breed:
Reg #:
DOB:
Color:
Hair:
Weight:
Notes:

Dam:
Breed:
Reg #:
DOB:
Color:
Hair:
Weight:
Notes:

G. Sire:
Breed:
Reg #:
DOB:
Color:
Weight:

G. Dam:
Breed:
Reg #:
DOB:
Color:
Weight:

G. Sire:
Breed:
Reg #:
DOB:
Color:
Weight:

G. Dam:
Breed:
Reg #:
DOB:
Color:
Weight:

G. G. Sire:
Reg #:
Breed:
DOB:
Color:

G. G. Dam:
Reg #:
Breed:
DOB:
Color:

G. G. Sire:
Reg #:
Breed:
DOB:
Color:

G. G. Dam:
Reg #:
Breed:
DOB:
Color:

G. G. Sire:
Reg #:
Breed:
DOB:
Color:

G. G. Dam:
Reg #:
Breed:
DOB:
Color:

G. G. Sire:
Reg #:
Breed:
DOB:
Color:

G. G. Dam:
Reg #:
Breed:
DOB:
Color:

I hereby certify this pedigree is correct to the best of my knowledge and belief.

Signed: _______________________ Date:

Guinea Pig Pedigree

Breeder:
Address:

Phone #:

Sold To:
Date:

Name:
Breed:
Reg #:
DOB:
Sex:
Color:
Hair:
Weight:
Notes:

I hereby certify this pedigree is correct to the best of my knowledge and belief.

Signed: _______________ Date: _______________

Sire:
Breed:
Reg #:
DOB:
Color:
Hair:
Weight:
Notes:

Dam:
Breed:
Reg #:
DOB:
Color:
Hair:
Weight:
Notes:

G. Sire:
Breed:
Reg #:
DOB:
Color:
Weight:

G. Dam:
Breed:
Reg #:
DOB:
Color:
Weight:

G. Sire:
Breed:
Reg #:
DOB:
Color:
Weight:

G. Dam:
Breed:
Reg #:
DOB:
Color:
Weight:

G. G. Sire:
Reg #:
Breed:
DOB:
Color:

G. G. Dam:
Reg #:
Breed:
DOB:
Color:

G. G. Sire:
Reg #:
Breed:
DOB:
Color:

G. G. Dam:
Reg #:
Breed:
DOB:
Color:

G. G. Sire:
Reg #:
Breed:
DOB:
Color:

G. G. Dam:
Reg #:
Breed:
DOB:
Color:

G. G. Sire:
Reg #:
Breed:
DOB:
Color:

G. G. Dam:
Reg #:
Breed:
DOB:
Color:

Guinea Pig Pedigree

Breeder:
Address:

Phone #:

Sold To:
Date:

Name:
Breed:
Reg #:
DOB:
Sex:
Color:
Hair:
Weight:
Notes:

Sire:
Breed:
Reg #:
DOB:
Color:
Hair:
Weight:
Notes:

Dam:
Breed:
Reg #:
DOB:
Color:
Hair:
Weight:
Notes:

G. Sire:
Breed:
Reg #:
DOB:
Color:
Weight:

G. Dam:
Breed:
Reg #:
DOB:
Color:
Weight:

G. Sire:
Breed:
Reg #:
DOB:
Color:
Weight:

G. Dam:
Breed:
Reg #:
DOB:
Color:
Weight:

G. G. Sire:
Reg #:
Breed:
DOB:
Color:

G. G. Dam:
Reg #:
Breed:
DOB:
Color:

G. G. Sire:
Reg #:
Breed:
DOB:
Color:

G. G. Dam:
Reg #:
Breed:
DOB:
Color:

G. G. Sire:
Reg #:
Breed:
DOB:
Color:

G. G. Dam:
Reg #:
Breed:
DOB:
Color:

G. G. Sire:
Reg #:
Breed:
DOB:
Color:

G. G. Dam:
Reg #:
Breed:
DOB:
Color:

I hereby certify this pedigree is correct to the best of my knowledge and belief.

Signed: Date:

Guinea Pig Pedigree

Breeder:
Address:

Phone #:

Sold To:
Date:

Name:
Breed:
Reg #:
DOB:
Sex:
Color:
Hair:
Weight:
Notes:

*I hereby certify this pedigree
is correct to the best of my
knowledge and belief.*

Signed: _______________________ Date: _______________________

Sire:
Breed:
Reg #:
DOB:
Color:
Hair:
Weight:
Notes:

Dam:
Breed:
Reg #:
DOB:
Color:
Hair:
Weight:
Notes:

G. Sire:
Breed:
Reg #:
DOB:
Color:
Weight:

G. Dam:
Breed:
Reg #:
DOB:
Color:
Weight:

G. Sire:
Breed:
Reg #:
DOB:
Color:
Weight:

G. Dam:
Breed:
Reg #:
DOB:
Color:
Weight:

G. G. Sire:
Reg #:
Breed:
DOB:
Color:

G. G. Dam:
Reg #:
Breed:
DOB:
Color:

G. G. Sire:
Reg #:
Breed:
DOB:
Color:

G. G. Dam:
Reg #:
Breed:
DOB:
Color:

G. G. Sire:
Reg #:
Breed:
DOB:
Color:

G. G. Dam:
Reg #:
Breed:
DOB:
Color:

G. G. Sire:
Reg #:
Breed:
DOB:
Color:

G. G. Dam:
Reg #:
Breed:
DOB:
Color:

Guinea Pig Pedigree

Breeder:
Address:

Phone #:

Sold To:
Date:

Name:
Breed:
Reg #:
DOB:
Sex:
Color:
Hair:
Weight:
Notes:

Sire:
Breed:
Reg #:
DOB:
Color:
Hair:
Weight:
Notes:

Dam:
Breed:
Reg #:
DOB:
Color:
Hair:
Weight:
Notes:

G. Sire:
Breed:
Reg #:
DOB:
Color:
Weight:

G. Dam:
Breed:
Reg #:
DOB:
Color:
Weight:

G. Sire:
Breed:
Reg #:
DOB:
Color:
Weight:

G. Dam:
Breed:
Reg #:
DOB:
Color:
Weight:

G. G. Sire:
Reg #:
Breed:
DOB:
Color:

G. G. Dam:
Reg #:
Breed:
DOB:
Color:

G. G. Sire:
Reg #:
Breed:
DOB:
Color:

G. G. Dam:
Reg #:
Breed:
DOB:
Color:

G. G. Sire:
Reg #:
Breed:
DOB:
Color:

G. G. Dam:
Reg #:
Breed:
DOB:
Color:

G. G. Sire:
Reg #:
Breed:
DOB:
Color:

G. G. Dam:
Reg #:
Breed:
DOB:
Color:

I hereby certify this pedigree is correct to the best of my knowledge and belief.

Signed: _______________________ Date:

Guinea Pig Pedigree

Breeder:
Address:

Phone #:

Sold To:
Date:

Sire:
Breed:
Reg #:
DOB:
Color:
Hair:
Weight:
Notes:

Name:
Breed:
Reg #:
DOB:
Sex:
Color:
Hair:
Weight:
Notes:

Dam:
Breed:
Reg #:
DOB:
Color:
Hair:
Weight:
Notes:

*I hereby certify this pedigree
is correct to the best of my
knowledge and belief.*

Signed: _______________ Date: _______________

G. Sire:
Breed:
Reg #:
DOB:
Color:
Weight:

G. Dam:
Breed:
Reg #:
DOB:
Color:
Weight:

G. Sire:
Breed:
Reg #:
DOB:
Color:
Weight:

G. Dam:
Breed:
Reg #:
DOB:
Color:
Weight:

G. G. Sire:
Reg #:
Breed:
DOB:
Color:

G. G. Sire:
Reg #:
Breed:
DOB:
Color:

G. G. Dam:
Reg #:
Breed:
DOB:
Color:

G. G. Dam:
Reg #:
Breed:
DOB:
Color:

G. G. Sire:
Reg #:
Breed:
DOB:
Color:

G. G. Sire:
Reg #:
Breed:
DOB:
Color:

G. G. Dam:
Reg #:
Breed:
DOB:
Color:

G. G. Dam:
Reg #:
Breed:
DOB:
Color:

Guinea Pig Pedigree

Breeder:
Address:

Phone #:

Sold To:
Date:

Name:
Breed:
Reg #:
DOB:
Sex:
Color:
Hair:
Weight:
Notes:

*I hereby certify this pedigree
is correct to the best of my
knowledge and belief.*

Signed: _______________________ Date: _______________________

Sire:
Breed:
Reg #:
DOB:
Color:
Hair:
Weight:
Notes:

Dam:
Breed:
Reg #:
DOB:
Color:
Hair:
Weight:
Notes:

G. Sire:
Breed:
Reg #:
DOB:
Color:
Weight:

G. Dam:
Breed:
Reg #:
DOB:
Color:
Weight:

G. Sire:
Breed:
Reg #:
DOB:
Color:
Weight:

G. Dam:
Breed:
Reg #:
DOB:
Color:
Weight:

G. G. Sire:
Reg #:
Breed:
DOB:
Color:

G. G. Dam:
Reg #:
Breed:
DOB:
Color:

G. G. Sire:
Reg #:
Breed:
DOB:
Color:

G. G. Dam:
Reg #:
Breed:
DOB:
Color:

G. G. Sire:
Reg #:
Breed:
DOB:
Color:

G. G. Dam:
Reg #:
Breed:
DOB:
Color:

G. G. Sire:
Reg #:
Breed:
DOB:
Color:

G. G. Dam:
Reg #:
Breed:
DOB:
Color:

Guinea Pig Pedigree

Breeder:
Address:

Phone #:

Sold To:
Date:

Name:
Breed:
Reg #:
DOB:
Sex:
Color:
Hair:
Weight:
Notes:

*I hereby certify this pedigree
is correct to the best of my
knowledge and belief.*

Signed: _______________________   Date: _______________________

Sire:
Breed:
Reg #:
DOB:
Color:
Hair:
Weight:
Notes:

Dam:
Breed:
Reg #:
DOB:
Color:
Hair:
Weight:
Notes:

G. Sire:
Breed:
Reg #:
DOB:
Color:
Weight:

G. Dam:
Breed:
Reg #:
DOB:
Color:
Weight:

G. Sire:
Breed:
Reg #:
DOB:
Color:
Weight:

G. Dam:
Breed:
Reg #:
DOB:
Color:
Weight:

G. G. Sire:
Reg #:
Breed:
DOB:
Color:

G. G. Dam:
Reg #:
Breed:
DOB:
Color:

G. G. Sire:
Reg #:
Breed:
DOB:
Color:

G. G. Dam:
Reg #:
Breed:
DOB:
Color:

G. G. Sire:
Reg #:
Breed:
DOB:
Color:

G. G. Dam:
Reg #:
Breed:
DOB:
Color:

G. G. Sire:
Reg #:
Breed:
DOB:
Color:

G. G. Dam:
Reg #:
Breed:
DOB:
Color:

Guinea Pig Pedigree

Breeder:
Address:

Phone #:

Sold To:
Date:

Name:
Breed:
Reg #:
DOB:
Sex:
Color:
Hair:
Weight:
Notes:

I hereby certify this pedigree is correct to the best of my knowledge and belief.

Signed: _______________ Date: _______________

Sire:
Breed:
Reg #:
DOB:
Color:
Hair:
Weight:
Notes:

Dam:
Breed:
Reg #:
DOB:
Color:
Hair:
Weight:
Notes:

G. Sire:
Breed:
Reg #:
DOB:
Color:
Weight:

G. Dam:
Breed:
Reg #:
DOB:
Color:
Weight:

G. Sire:
Breed:
Reg #:
DOB:
Color:
Weight:

G. Dam:
Breed:
Reg #:
DOB:
Color:
Weight:

G. G. Sire:
Reg #:
Breed:
DOB:
Color:

G. G. Dam:
Reg #:
Breed:
DOB:
Color:

G. G. Sire:
Reg #:
Breed:
DOB:
Color:

G. G. Dam:
Reg #:
Breed:
DOB:
Color:

G. G. Sire:
Reg #:
Breed:
DOB:
Color:

G. G. Dam:
Reg #:
Breed:
DOB:
Color:

G. G. Sire:
Reg #:
Breed:
DOB:
Color:

G. G. Dam:
Reg #:
Breed:
DOB:
Color:

Guinea Pig Pedigree

Breeder:
Address:

Phone #:

Sold To:
Date:

Name:
Breed:
Reg #:
DOB:
Sex:
Color:
Hair:
Weight:
Notes:

Sire:
Breed:
Reg #:
DOB:
Color:
Hair:
Weight:
Notes:

Dam:
Breed:
Reg #:
DOB:
Color:
Hair:
Weight:
Notes:

G. Sire:
Breed:
Reg #:
DOB:
Color:
Weight:

G. Dam:
Breed:
Reg #:
DOB:
Color:
Weight:

G. Sire:
Breed:
Reg #:
DOB:
Color:
Weight:

G. Dam:
Breed:
Reg #:
DOB:
Color:
Weight:

G. G. Sire:
Reg #:
Breed:
DOB:
Color:

G. G. Dam:
Reg #:
Breed:
DOB:
Color:

G. G. Sire:
Reg #:
Breed:
DOB:
Color:

G. G. Dam:
Reg #:
Breed:
DOB:
Color:

G. G. Sire:
Reg #:
Breed:
DOB:
Color:

G. G. Dam:
Reg #:
Breed:
DOB:
Color:

G. G. Sire:
Reg #:
Breed:
DOB:
Color:

G. G. Dam:
Reg #:
Breed:
DOB:
Color:

I hereby certify this pedigree is correct to the best of my knowledge and belief.

Signed: _______________________   Date: _______________________

Guinea Pig Pedigree

Breeder:
Address:

Phone #:

Sold To:
Date:

Name:
Breed:
Reg #:
DOB:
Sex:
Color:
Hair:
Weight:
Notes:

I hereby certify this pedigree
is correct to the best of my
knowledge and belief.

Signed: _______________________   Date: _______________________

Sire:
Breed:
Reg #:
DOB:
Color:
Hair:
Weight:
Notes:

Dam:
Breed:
Reg #:
DOB:
Color:
Hair:
Weight:
Notes:

G. Sire:
Breed:
Reg #:
DOB:
Color:
Weight:

G. Dam:
Breed:
Reg #:
DOB:
Color:
Weight:

G. Sire:
Breed:
Reg #:
DOB:
Color:
Weight:

G. Dam:
Breed:
Reg #:
DOB:
Color:
Weight:

G. G. Sire:
Reg #:
Breed:
DOB:
Color:

G. G. Dam:
Reg #:
Breed:
DOB:
Color:

G. G. Sire:
Reg #:
Breed:
DOB:
Color:

G. G. Dam:
Reg #:
Breed:
DOB:
Color:

G. G. Sire:
Reg #:
Breed:
DOB:
Color:

G. G. Dam:
Reg #:
Breed:
DOB:
Color:

G. G. Sire:
Reg #:
Breed:
DOB:
Color:

G. G. Dam:
Reg #:
Breed:
DOB:
Color:

Guinea Pig Pedigree

Breeder:
Address:

Phone #:

Sold To:
Date:

Name:
Breed:
Reg #:
DOB:
Sex:
Color:
Hair:
Weight:
Notes:

I hereby certify this pedigree is correct to the best of my knowledge and belief.

Signed: ______________________ Date:

Sire:
Breed:
Reg #:
DOB:
Color:
Hair:
Weight:
Notes:

Dam:
Breed:
Reg #:
DOB:
Color:
Hair:
Weight:
Notes:

G. Sire:
Breed:
Reg #:
DOB:
Color:
Weight:

G. Dam:
Breed:
Reg #:
DOB:
Color:
Weight:

G. Sire:
Breed:
Reg #:
DOB:
Color:
Weight:

G. Dam:
Breed:
Reg #:
DOB:
Color:
Weight:

G. G. Sire:
Reg #:
Breed:
DOB:
Color:

G. G. Dam:
Reg #:
Breed:
DOB:
Color:

G. G. Sire:
Reg #:
Breed:
DOB:
Color:

G. G. Dam:
Reg #:
Breed:
DOB:
Color:

G. G. Sire:
Reg #:
Breed:
DOB:
Color:

G. G. Dam:
Reg #:
Breed:
DOB:
Color:

G. G. Sire:
Reg #:
Breed:
DOB:
Color:

G. G. Dam:
Reg #:
Breed:
DOB:
Color:

Guinea Pig Pedigree

Breeder:
Address:

Phone #:

Sold To:
Date:

Name:
Breed:
Reg #:
DOB:
Sex:
Color:
Hair:
Weight:
Notes:

I hereby certify this pedigree is correct to the best of my knowledge and belief.

Signed: _______________________ Date: _______________________

Sire:
Breed:
Reg #:
DOB:
Color:
Hair:
Weight:
Notes:

Dam:
Breed:
Reg #:
DOB:
Color:
Hair:
Weight:
Notes:

G. Sire:
Breed:
Reg #:
DOB:
Color:
Weight:

G. Dam:
Breed:
Reg #:
DOB:
Color:
Weight:

G. Sire:
Breed:
Reg #:
DOB:
Color:
Weight:

G. Dam:
Breed:
Reg #:
DOB:
Color:
Weight:

G. G. Sire:
Reg #:
Breed:
DOB:
Color:

G. G. Dam:
Reg #:
Breed:
DOB:
Color:

G. G. Sire:
Reg #:
Breed:
DOB:
Color:

G. G. Dam:
Reg #:
Breed:
DOB:
Color:

G. G. Sire:
Reg #:
Breed:
DOB:
Color:

G. G. Dam:
Reg #:
Breed:
DOB:
Color:

G. G. Sire:
Reg #:
Breed:
DOB:
Color:

G. G. Dam:
Reg #:
Breed:
DOB:
Color:

Guinea Pig Pedigree

Breeder:
Address:

Phone #:

Sold To:
Date:

Name:
Breed:
Reg #:
DOB:
Sex:
Color:
Hair:
Weight:
Notes:

*I hereby certify this pedigree
is correct to the best of my
knowledge and belief.*

Signed: _______________________   Date: _______________________

Sire:
Breed:
Reg #:
DOB:
Color:
Hair:
Weight:
Notes:

Dam:
Breed:
Reg #:
DOB:
Color:
Hair:
Weight:
Notes:

G. Sire:
Breed:
Reg #:
DOB:
Color:
Weight:

G. Dam:
Breed:
Reg #:
DOB:
Color:
Weight:

G. Sire:
Breed:
Reg #:
DOB:
Color:
Weight:

G. Dam:
Breed:
Reg #:
DOB:
Color:
Weight:

G. G. Sire:
Reg #:
Breed:
DOB:
Color:

G. G. Dam:
Reg #:
Breed:
DOB:
Color:

G. G. Sire:
Reg #:
Breed:
DOB:
Color:

G. G. Dam:
Reg #:
Breed:
DOB:
Color:

G. G. Sire:
Reg #:
Breed:
DOB:
Color:

G. G. Dam:
Reg #:
Breed:
DOB:
Color:

G. G. Sire:
Reg #:
Breed:
DOB:
Color:

G. G. Dam:
Reg #:
Breed:
DOB:
Color:

Guinea Pig Pedigree

Breeder:
Address:

Phone #:

Sold To:
Date:

Name:
Breed:
Reg #:
DOB:
Sex:
Color:
Hair:
Weight:
Notes:

I hereby certify this pedigree is correct to the best of my knowledge and belief.

Signed: ___________________ Date: ___________________

Sire:
Breed:
Reg #:
DOB:
Color:
Hair:
Weight:
Notes:

Dam:
Breed:
Reg #:
DOB:
Color:
Hair:
Weight:
Notes:

G. Sire:
Breed:
Reg #:
DOB:
Color:
Weight:

G. Dam:
Breed:
Reg #:
DOB:
Color:
Weight:

G. Sire:
Breed:
Reg #:
DOB:
Color:
Weight:

G. Dam:
Breed:
Reg #:
DOB:
Color:
Weight:

G. G. Sire:
Reg #:
Breed:
DOB:
Color:

G. G. Dam:
Reg #:
Breed:
DOB:
Color:

G. G. Sire:
Reg #:
Breed:
DOB:
Color:

G. G. Dam:
Reg #:
Breed:
DOB:
Color:

G. G. Sire:
Reg #:
Breed:
DOB:
Color:

G. G. Dam:
Reg #:
Breed:
DOB:
Color:

G. G. Sire:
Reg #:
Breed:
DOB:
Color:

G. G. Dam:
Reg #:
Breed:
DOB:
Color:

Guinea Pig Pedigree

Breeder:
Address:

Phone #:

Sold To:
Date:

Name:
Breed:
Reg #:
DOB:
Sex:
Color:
Hair:
Weight:
Notes:

Sire:
Breed:
Reg #:
DOB:
Color:
Hair:
Weight:
Notes:

Dam:
Breed:
Reg #:
DOB:
Color:
Hair:
Weight:
Notes:

G. Sire:
Breed:
Reg #:
DOB:
Color:
Weight:

G. Dam:
Breed:
Reg #:
DOB:
Color:
Weight:

G. Sire:
Breed:
Reg #:
DOB:
Color:
Weight:

G. Dam:
Breed:
Reg #:
DOB:
Color:
Weight:

G. G. Sire:
Reg #:
Breed:
DOB:
Color:

G. G. Dam:
Reg #:
Breed:
DOB:
Color:

G. G. Sire:
Reg #:
Breed:
DOB:
Color:

G. G. Dam:
Reg #:
Breed:
DOB:
Color:

G. G. Sire:
Reg #:
Breed:
DOB:
Color:

G. G. Dam:
Reg #:
Breed:
DOB:
Color:

G. G. Sire:
Reg #:
Breed:
DOB:
Color:

G. G. Dam:
Reg #:
Breed:
DOB:
Color:

I hereby certify this pedigree is correct to the best of my knowledge and belief.

Signed: _______________   Date: _______________

Guinea Pig Pedigree

Breeder:
Address:

Phone #:

Sold To:
Date:

Name:
Breed:
Reg #:
DOB:
Sex:
Color:
Hair:
Weight:
Notes:

I hereby certify this pedigree
is correct to the best of my
knowledge and belief.

Signed:

Sire:
Breed:
Reg #:
DOB:
Color:
Hair:
Weight:
Notes:

Dam:
Breed:
Reg #:
DOB:
Color:
Hair:
Weight:
Notes:

Date:

G. Sire:
Breed:
Reg #:
DOB:
Color:
Weight:

G. Dam:
Breed:
Reg #:
DOB:
Color:
Weight:

G. Sire:
Breed:
Reg #:
DOB:
Color:
Weight:

G. Dam:
Breed:
Reg #:
DOB:
Color:
Weight:

G. G. Sire:
Reg #:
Breed:
DOB:
Color:

G. G. Dam:
Reg #:
Breed:
DOB:
Color:

G. G. Sire:
Reg #:
Breed:
DOB:
Color:

G. G. Dam:
Reg #:
Breed:
DOB:
Color:

G. G. Sire:
Reg #:
Breed:
DOB:
Color:

G. G. Dam:
Reg #:
Breed:
DOB:
Color:

G. G. Sire:
Reg #:
Breed:
DOB:
Color:

G. G. Dam:
Reg #:
Breed:
DOB:
Color:

Guinea Pig Pedigree

Breeder:
Address:

Phone #:

Sold To:
Date:

Name:
Breed:
Reg #:
DOB:
Sex:
Color:
Hair:
Weight:
Notes:

Sire:
Breed:
Reg #:
DOB:
Color:
Hair:
Weight:
Notes:

Dam:
Breed:
Reg #:
DOB:
Color:
Hair:
Weight:
Notes:

G. Sire:
Breed:
Reg #:
DOB:
Color:
Weight:

G. Dam:
Breed:
Reg #:
DOB:
Color:
Weight:

G. Sire:
Breed:
Reg #:
DOB:
Color:
Weight:

G. Dam:
Breed:
Reg #:
DOB:
Color:
Weight:

G. G. Sire:
Reg #:
Breed:
DOB:
Color:

G. G. Dam:
Reg #:
Breed:
DOB:
Color:

G. G. Sire:
Reg #:
Breed:
DOB:
Color:

G. G. Dam:
Reg #:
Breed:
DOB:
Color:

G. G. Sire:
Reg #:
Breed:
DOB:
Color:

G. G. Dam:
Reg #:
Breed:
DOB:
Color:

G. G. Sire:
Reg #:
Breed:
DOB:
Color:

G. G. Dam:
Reg #:
Breed:
DOB:
Color:

I hereby certify this pedigree is correct to the best of my knowledge and belief.

Signed: _______________________   Date: _______________________

Guinea Pig Pedigree

Breeder:
Address:

Phone #:

Sold To:
Date:

Name:
Breed:
Reg #:
DOB:
Sex:
Color:
Hair:
Weight:
Notes:

*I hereby certify this pedigree
is correct to the best of my
knowledge and belief.*

Signed: ___________________   Date: ___________________

Sire:
Breed:
Reg #:
DOB:
Color:
Hair:
Weight:
Notes:

Dam:
Breed:
Reg #:
DOB:
Color:
Hair:
Weight:
Notes:

G. Sire:
Breed:
Reg #:
DOB:
Color:
Weight:

G. Dam:
Breed:
Reg #:
DOB:
Color:
Weight:

G. Sire:
Breed:
Reg #:
DOB:
Color:
Weight:

G. Dam:
Breed:
Reg #:
DOB:
Color:
Weight:

G. G. Sire:
Reg #:
Breed:
DOB:
Color:

G. G. Dam:
Reg #:
Breed:
DOB:
Color:

G. G. Sire:
Reg #:
Breed:
DOB:
Color:

G. G. Dam:
Reg #:
Breed:
DOB:
Color:

G. G. Sire:
Reg #:
Breed:
DOB:
Color:

G. G. Dam:
Reg #:
Breed:
DOB:
Color:

G. G. Sire:
Reg #:
Breed:
DOB:
Color:

G. G. Dam:
Reg #:
Breed:
DOB:
Color:

Guinea Pig Pedigree

Breeder:
Address:

Phone #:

Sold To:
Date:

Name:
Breed:
Reg #:
DOB:
Sex:
Color:
Hair:
Weight:
Notes:

Sire:
Breed:
Reg #:
DOB:
Color:
Hair:
Weight:
Notes:

Dam:
Breed:
Reg #:
DOB:
Color:
Hair:
Weight:
Notes:

G. Sire:
Breed:
Reg #:
DOB:
Color:
Weight:

G. Dam:
Breed:
Reg #:
DOB:
Color:
Weight:

G. Sire:
Breed:
Reg #:
DOB:
Color:
Weight:

G. Dam:
Breed:
Reg #:
DOB:
Color:
Weight:

G. G. Sire:
Reg #:
Breed:
DOB:
Color:

G. G. Dam:
Reg #:
Breed:
DOB:
Color:

G. G. Sire:
Reg #:
Breed:
DOB:
Color:

G. G. Dam:
Reg #:
Breed:
DOB:
Color:

G. G. Sire:
Reg #:
Breed:
DOB:
Color:

G. G. Dam:
Reg #:
Breed:
DOB:
Color:

G. G. Sire:
Reg #:
Breed:
DOB:
Color:

G. G. Dam:
Reg #:
Breed:
DOB:
Color:

I hereby certify this pedigree is correct to the best of my knowledge and belief.

Signed: ___________________ Date:

Guinea Pig Pedigree

Breeder:
Address:

Phone #:

Sold To:
Date:

Name:
Breed:
Reg #:
DOB:
Sex:
Color:
Hair:
Weight:
Notes:

Sire:
Breed:
Reg #:
DOB:
Color:
Hair:
Weight:
Notes:

Dam:
Breed:
Reg #:
DOB:
Color:
Hair:
Weight:
Notes:

G. Sire:
Breed:
Reg #:
DOB:
Color:
Weight:

G. Dam:
Breed:
Reg #:
DOB:
Color:
Weight:

G. Sire:
Breed:
Reg #:
DOB:
Color:
Weight:

G. Dam:
Breed:
Reg #:
DOB:
Color:
Weight:

G. G. Sire:
Reg #:
Breed:
DOB:
Color:

G. G. Dam:
Reg #:
Breed:
DOB:
Color:

G. G. Sire:
Reg #:
Breed:
DOB:
Color:

G. G. Dam:
Reg #:
Breed:
DOB:
Color:

G. G. Sire:
Reg #:
Breed:
DOB:
Color:

G. G. Dam:
Reg #:
Breed:
DOB:
Color:

G. G. Sire:
Reg #:
Breed:
DOB:
Color:

G. G. Dam:
Reg #:
Breed:
DOB:
Color:

I hereby certify this pedigree is correct to the best of my knowledge and belief.

Signed: ___________________________ Date:

Guinea Pig Pedigree

Breeder:
Address:

Phone #:

Sold To:
Date:

Name:
Breed:
Reg #:
DOB:
Sex:
Color:
Hair:
Weight:
Notes:

I hereby certify this pedigree is correct to the best of my knowledge and belief.

Signed: ___________________ Date: ___________________

Sire:
Breed:
Reg #:
DOB:
Color:
Hair:
Weight:
Notes:

Dam:
Breed:
Reg #:
DOB:
Color:
Hair:
Weight:
Notes:

G. Sire:
Breed:
Reg #:
DOB:
Color:
Weight:

G. Dam:
Breed:
Reg #:
DOB:
Color:
Weight:

G. Sire:
Breed:
Reg #:
DOB:
Color:
Weight:

G. Dam:
Breed:
Reg #:
DOB:
Color:
Weight:

G. G. Sire:
Reg #:
Breed:
DOB:
Color:

G. G. Dam:
Reg #:
Breed:
DOB:
Color:

G. G. Sire:
Reg #:
Breed:
DOB:
Color:

G. G. Dam:
Reg #:
Breed:
DOB:
Color:

G. G. Sire:
Reg #:
Breed:
DOB:
Color:

G. G. Dam:
Reg #:
Breed:
DOB:
Color:

G. G. Sire:
Reg #:
Breed:
DOB:
Color:

G. G. Dam:
Reg #:
Breed:
DOB:
Color:

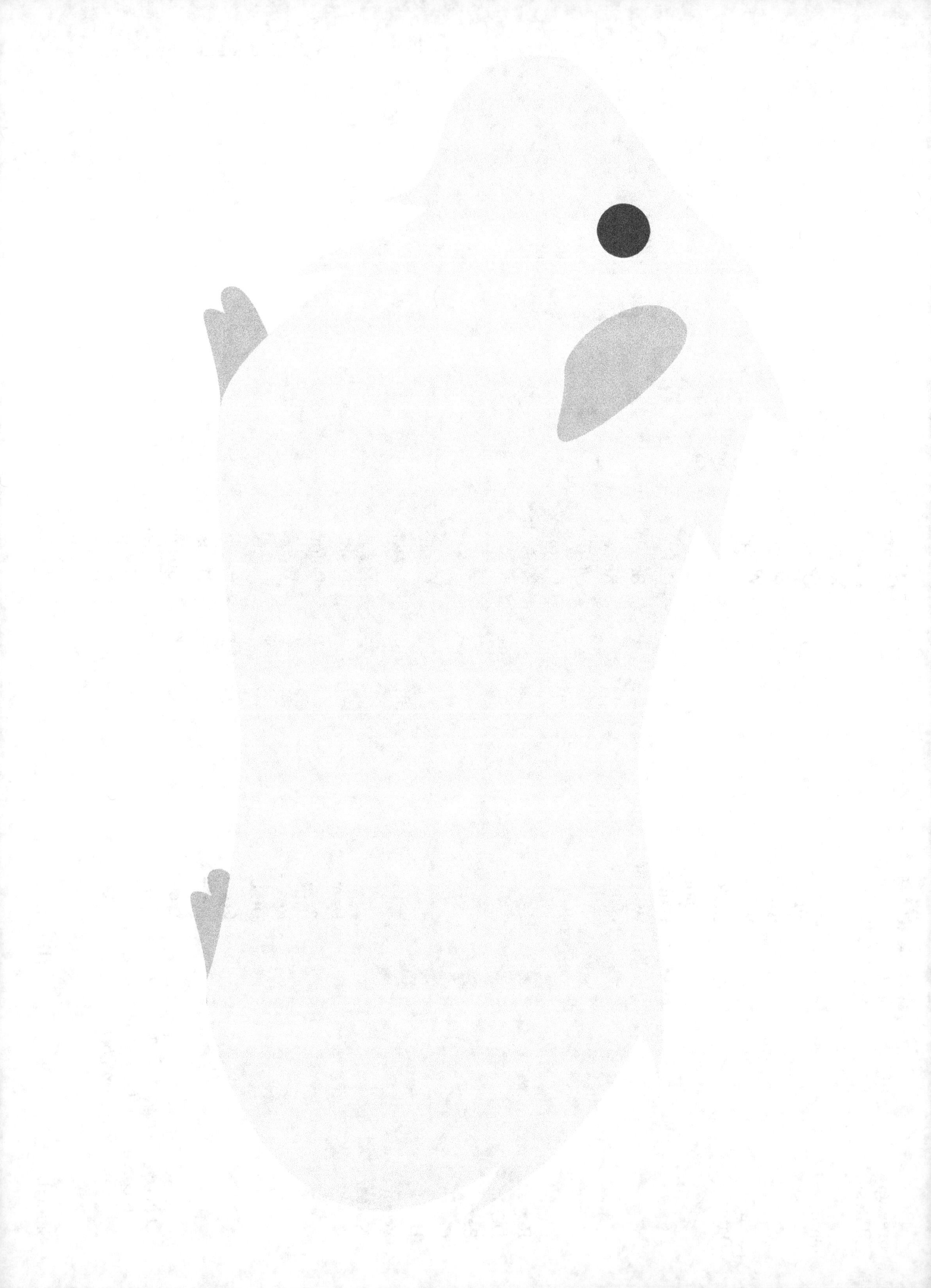

Guinea Pig Pedigree

Breeder:
Address:

Phone #:

Sold To:
Date:

Name:
Breed:
Reg #:
DOB:
Sex:
Color:
Hair:
Weight:
Notes:

I hereby certify this pedigree
is correct to the best of my
knowledge and belief.

Signed: _______________ Date: _______________

Sire:
Breed:
Reg #:
DOB:
Color:
Hair:
Weight:
Notes:

Dam:
Breed:
Reg #:
DOB:
Color:
Hair:
Weight:
Notes:

G. Sire:
Breed:
Reg #:
DOB:
Color:
Weight:

G. Dam:
Breed:
Reg #:
DOB:
Color:
Weight:

G. Sire:
Breed:
Reg #:
DOB:
Color:
Weight:

G. Dam:
Breed:
Reg #:
DOB:
Color:
Weight:

G. G. Sire:
Reg #:
Breed:
DOB:
Color:

G. G. Dam:
Reg #:
Breed:
DOB:
Color:

G. G. Sire:
Reg #:
Breed:
DOB:
Color:

G. G. Dam:
Reg #:
Breed:
DOB:
Color:

G. G. Sire:
Reg #:
Breed:
DOB:
Color:

G. G. Dam:
Reg #:
Breed:
DOB:
Color:

G. G. Sire:
Reg #:
Breed:
DOB:
Color:

G. G. Dam:
Reg #:
Breed:
DOB:
Color:

Guinea Pig Pedigree

Breeder:
Address:

Phone #:

Sold To:
Date:

Name:
Breed:
Reg #:
DOB:
Sex:
Color:
Hair:
Weight:
Notes:

*I hereby certify this pedigree
is correct to the best of my
knowledge and belief.*

Signed: ___________________ Date: ___________________

Sire:
Breed:
Reg #:
DOB:
Color:
Hair:
Weight:
Notes:

Dam:
Breed:
Reg #:
DOB:
Color:
Hair:
Weight:
Notes:

G. Sire:
Breed:
Reg #:
DOB:
Color:
Weight:

G. Dam:
Breed:
Reg #:
DOB:
Color:
Weight:

G. Sire:
Breed:
Reg #:
DOB:
Color:
Weight:

G. Dam:
Breed:
Reg #:
DOB:
Color:
Weight:

G. G. Sire:
Reg #:
Breed:
DOB:
Color:

G. G. Dam:
Reg #:
Breed:
DOB:
Color:

G. G. Sire:
Reg #:
Breed:
DOB:
Color:

G. G. Dam:
Reg #:
Breed:
DOB:
Color:

G. G. Sire:
Reg #:
Breed:
DOB:
Color:

G. G. Dam:
Reg #:
Breed:
DOB:
Color:

G. G. Sire:
Reg #:
Breed:
DOB:
Color:

G. G. Dam:
Reg #:
Breed:
DOB:
Color:

Need Some More Pedigree Forms?

You can find this book on Amazon by searching,
"Guinea Pig Pedigree."